Bibliografische Information der Deutschen Nationalbibliothek:

Die Deutsche Bibliothek verzeichnet diese Publikation in der Deutschen National-
bibliografie; detaillierte bibliografische Daten sind im Internet über http://dnb.d-
nb.de/ abrufbar.

Impressum:

Copyright © 2015 GRIN Verlag, Open Publishing GmbH
Druck und Bindung: Books on Demand GmbH, Norderstedt Germany
ISBN: 978-3-668-18595-1

Dieses Buch bei GRIN:

http://www.grin.com/de/e-book/319377/wie-die-wachsende-tourismusbranche-die-
wasserkrise-verschaerft-eine-darstellung

Nadine Viering

Wie die wachsende Tourismusbranche die Wasserkrise verschärft. Eine Darstellung der negativen Auswirkungen am Beispiel Bali

GRIN Verlag

TOURISMUS UND WASSERKNAPPHEIT – WIE DIE WACHSENDE TOURISMUSBRANCHE DIE WASSERKRISE VERSCHÄRFT

EINE DARSTELLUNG DER NEGATIVEN AUSWIRKUNGEN AM BEISPIEL BALI

Fachbereich Oecotrophologie
Ernährung, Gesundheit und Lebensmittelwirtschaft

Prüfungsleistung im Modul
Ernährungssituation und Entwicklungspolitik

Sommersemester 2015

Abgabe: 30.06.2015

Inhaltsverzeichnis

I. Abkürzungsverzeichnis

BPS	Badan Pusat Statistics
CO_2	Kohlenstoffdioxid
FAO	Food and Agricultural Organization of the United Nations
IFAD	International Fund for Agricultural Development
KlimAktiv gGmbH	gemeinnützige Gesellschaft zur Förderung des Klimaschutzes mbH
NFI	Naturfreunde Internationale (internationaler Dachverband der Naturfreundebewegung)
UN	United Nations
UNICEF	United Nations Children's Fund
WBCSD	World Business Council for Sustainable Development
WFP	World Food Programme
WHO	World Health Organization

II. Abbildungsverzeichnung

III. Tabellenverzeichnis

1 Einleitung

Weltweit leiden heute rund 795 Millionen Menschen -mehr als jeder Neunte- an Hunger und Unterernährung. 98 % davon stammen aus Entwicklungsländern. Obwohl die Zahl der Hungernden seit 1990 trotz der wachsenden Weltbevölkerung von 18,6 % auf 10,9 % gesunken ist, bleibt die Anzahl derer, denen nicht ausreichend Nahrung zur Verfügung steht, inakzeptabel hoch (Food and Agricultural Organization (FAO), International Fund for Agricultural Development (IFAD) & World Food Programme (WFP) 2015: 8 f).

Ein Grund dafür ist die unzureichende und ungerechte Wasserversorgung in vielen Teilen der Welt, die den Menschen keine ertragreiche Nahrungsmittelproduktion und keine hygienisch einwandfreie Zubereitung von Speisen ermöglicht (Lozán et al. 2005: 24). Mit 748 Millionen Menschen liegt die Anzahl derer, ohne Zugang zu sauberem Trinkwasser, fast genauso hoch wie die Anzahl der Hungernden (World Health Organization (WHO) & United Nations Children's Fund (UNICEF) 2014: 13).

Ein Mangel an Wasser geht jedoch nicht nur mit eingeschränkten Möglichkeiten für die landwirtschaftliche Produktion, sonder auch mit gesundheitlichen, sozialen und ökologischen Problemen einher (Gmelch 2007).
Ursachen für die sinkende Wasserverfügbarkeit und den steigenden Verbrauch gibt es viele, hier ist unter anderem der Tourismus zu nennen (Barilla Center for Food & Nutrition 2009).

Tourismus und Wasser sind ein dringendes Problem für die gesamte Menschheit, da die Branche von Wasser abhängig ist und mit ihrem übergroßen Verbrauch gleichzeitig dafür sorgt, dass Frischwasservorkommen in Touristenregionen immer geringer werden, was die Armut und Not der Einheimischen zusätzlich verstärkt. (Cole 2012: 1, Pleumarom 2013).

In dieser Arbeit sollen der Begriff der Wasserknappheit definiert sowie Ursachen und Folgen der Wasserkrise dargestellt werden. Der Fokus liegt dabei auf den Auswirkungen des Tourismus auf die Wasserknappheit.

Die Ausarbeitung erfolgt am Beispiel der indonesischen Insel Bali. Ob der Tourismus der Provinz und seiner Bevölkerung zu einer industriellen und dienstleistungswirtschaftlichen Entwicklung verhilft oder der Region nachhaltig schadet, soll in der abschließenden Diskussion geklärt werden.

2 Methodik

Die Literaturrecherche fand im Zeitraum vom 16.05.2015 bis zum 07.06.2015 statt und erbrachte 41 verwendbare Treffer. Bei der Suche über den Online-Katalog und die Datenbanken der Hochschul-und Landesbibliothek Fulda konnten mit Hilfe verschiedener Suchwörter und Suchwort-Kombinationen 589 potenzielle Literaturquellen gefunden werden (vergleiche Tabelle 1).

Tabelle 1: genutzte Suchwörter & Suchwort-Kombinationen für die Literaturrecherche

Suchwörter & Suchwort-Kombinationen	
deutsch	*englisch*
Wasserknappheit	water scarcity
Wasserknappheit UND Ursachen/Folgen	water scarcity AND causes/effects
Tourismus	tourism
Wasser UND Tourismus	water AND tourism
Wasserknappheit UND Tourismus	warer scarcity AND tourism
sanfter Tourismus	sustainable/soft/green tourism
Bali UND Tourismus	Bali AND tourism
Bali UND Wasser	Bali AND water
Bali UND Wasserknappheit	Bali AND water scarcity
Bali UND Landwirtschaft	Bali AND agriculture
Bali UND Reisanbau	Bali AND rice cultivation/paddy
Indonesien UND Tourismus	Indonesia AND tourism
Indonesien UND Wasser	Indonesia AND water
Indonesien UND Wasserknappheit	Indonesia AND water scarcity
Indonesien UND Landwirtschaft	Indonesia AND agriculture
Indonesien UND Reisanbau	Indonesia AND rice cultivation/paddy

Von diesen Treffern wurden 13 aufgrund ihres Titels für die Bearbeitung der Hausarbeit in Betracht gezogen. Des Weiteren erfolgte eine Suche über die Internet-Suchmaschine „Google Scholar" die unter Benutzung der gleichen Suchwörter 28 weitere Treffer erbrachte. Statistische Daten wurden vor allem über die Website von Badan Pusat Statistik (BPS) Indonesia gewonnen. Kartenmaterial lieferte unter anderem der Diercke Weltatlas. Als nützlich erwiesen sich auch die Informationen der Websites „Tourism Watch" und „Tourism Concern".

3 Wasserknappheit

Die Erde ist zu mehr als 75 % von Wasser bedeckt, doch ein Großteil dieser Vorräte ist für den Menschen nicht nutzbar, da sie in Form von Salzwasser, Gletschern oder Brackwasser vorliegen (Lozán et al. 2005: 11 f). Darüber hinaus ist das verbleibende, nutzbare Wasser global sehr ungleich verteilt, sodass neun Länder mehr als 60 % der weltweit verfügbaren Süßwasservorräte besitzen und einige Staaten regional sehr wasserreich, in anderen Gegenden sehr wasserarm sind (World Business Council for Sustainable Development (WBCSD) 2006: 2).

Im Allgemeinen wird von Wasserknappheit gesprochen, wenn der Bedarf an Süßwasser dessen Verfügbarkeit übersteigt (Hoff & Kundzewicz 2006: 14). Neben der physikalischen Wasserknappheit, bei der die verfügbare Menge an Wasser nicht den Bedarf aller Nutzer deckt, wird oftmals auch die ökonomische Wasserknappheit angeführt. Diese steht im Zusammenhang mit einer unzureichenden Infrastruktur oder einem schlechten Wassermanagement und sorgt dafür, dass die bereitgestellte Wassermenge den Bedarf der Verbraucher nicht decken kann (Lippelt 2014).

Die Definition von Wasserstress und Wasserknappheit in Form der Verfügbarkeit in Kubikmetern pro Kopf und Jahr gestaltet sich komplex, da nicht nur Annahmen zum Verbrauch, sondern auch zur Effizienz der Wassernutzung getroffen werden müssen (WBCSD 2006: 6). Einen groben Überblick geben die Werte in Tabelle 2.

Tabelle 2: Definition von Wasserstress und Wasserknappheit, eigene Zusammenstellung aus WBCSD 2006, S. 6 & Lippelt 2014

verfügbare Menge an erneuerbarem Frischwasser (m³/Kopf/Jahr)	Verfügbarkeitskategorie
< 1700 bis 1000	Wasserstress
< 1000 – 500	Wasserknappheit
< 500	absolute Wasserknappheit

3.1 Ursachen

Wasserknappheit ist multifaktoriell bedingt. Neben der ungleichen Verteilung der natürlichen Wasserressourcen tragen die sinkende Verfügbarkeit und der steigende Bedarf maßgeblich zur Verschärfung der Situation bei. Der Klimawandel sorgt dafür, dass Gletscher schmelzen, Temperaturen steigen und Niederschläge weniger ausgiebig und unregelmäßiger ausfallen. Durch ein schlechtes Wassermanagement geht Wasser auf dem Weg zu den Endverbrauchern durch den Transport in defekten Rohrleitungen verloren und ineffiziente Bewässerungstechniken haben zur Folge, dass die Flüssigkeit verdunstet, bevor sie den Pflanzen zugutekommt (Barilla Center for Food & Nutrition 2009). Armut ist ein weiterer Aspekt, der die Verfügbarkeit von Wasser herabsetzt, denn Arme zahlen häufig mehr für ihr Wasser als Menschen mit einem Anschluss an eine Wasserleitung (United Nations (UN)-Water & FAO 2007).

Darüber hinaus sind der vermehrte Anbau von Monokulturen und die fortschreitende
Entwaldung in vielen Regionen der Erde mitverantwortlich für eine verringerte
Wasserspeicherkapazität der Böden. Das während der grünen Revolution entwickelte
hochertragreiche Saatgut benötigt außerdem größere Wassermengen als die
ursprünglich angebauten regionstypischen Kulturpflanzen (Shiva 2003: 26 ff).

Während die Verfügbarkeit von Frischwasser abnimmt, steigt der Bedarf immer weiter
an. Als Gründe sind zu aller erst das stetige Bevölkerungs- und Wirtschaftswachstum
zu nennen. Die Tourismusbranche ist ein Industrie- / Dienstleistungszweig, der unter
Berücksichtigung des Wohlstandszuwachses und der veränderten Lebensgewohn-
heiten wohlhabender Menschen besondere Beachtung verdient. Des Weiteren tragen
die Verstädterung, die steigende Bioenergieproduktion und veränderte
Ernährungsgewohnheiten zu einer Verknappung der Ressource Wasser bei (Barilla
Center for Food & Nutrition 2009).
Durch die Abwanderung in Städte kommt es zu einer regionalen Konzentration der
Nachfrage und zu einer flächendeckenden Bodenversiegelung. Natürliche
Wasservorräte werden übernutzt oder eine ausreichende Grundwasserneubildung
verhindert (Gmelch 2007, Lippelt 2014). Der Anbau von Pflanzen zur
Bioenergiegewinnung benötigt mehr Wasser als die Erzeugung von Energie aus Kohle
oder Atomkraft und die Produktion von tierischen Nahrungsmitteln, allen voran Fleisch,
verschlingt ein Vielfaches des Wassers, das für die Erzeugung pflanzlicher Produkte
benötigt würde (Barilla Center for Food & Nutrition 2009).

3.2 Folgen

Die Auswirkungen von Wasserknappheit lassen sich in eine ökologische, soziale und
gesundheitliche Dimension unterteilen. Hinzu kommt der Einfluss auf die
Ernährungssicherung (vergleiche Tabelle 3). Ohne ausreichende Wassermengen kann
die Existenz vieler Ökosysteme mit ihrer Flora und Fauna nicht gewährleistet werden
(Gmelch 2007). Die Bodenfruchtbarkeit nimmt ab und eine Übernutzung der
Wasservorkommen führt zur Absenkung der Grundwasserspiegel, die zum Beispiel
durch Eindringen von Salzwasser in Küstengebieten zur Verschlechterung der
allgemeinen Wasserqualität beiträgt (Lozán et al. 2005: 71).

Soziale Folgen ergeben sich vor allem aus Nutzungsrechtkonflikten um Wasser
zwischen Industrie, Staat und Bauern. Für letztgenannte wird es immer schwieriger,
sich bei steigenden Wasserpreisen und sinkender Verfügbarkeit gegen große

Unternehmen durchzusetzen. Da in vielen Entwicklungsländern Frauen für die Beschaffung des Wassers für die gesamte Familie verantwortlich sind und teilweise kilometerweite Strecken bis zur nächsten Wasserquelle zurücklegen müssen, verwehrt der schlechte Zugang zu Wasser ihnen die Chance auf Bildung und Emanzipation. Ebenso ist zu erwarten, dass immer mehr Menschen aus wasserarmen Regionen ihre Heimat verlassen und als Wasserflüchtlinge, in der Hoffnung auf eine bessere Wasserversorgung, in Industriestaaten fliehen (Gmelch 2007).

Tabelle 3: Folgen der Wasserknappheit , eigene Zusammenstellung aus Gmelch 2007, Lozán et al. 2005, Barilla Center for Food and Nutrition 2009, Lotze Campen 2006

ökologische Folgen	soziale Folgen	gesundheitliche Folgen	Folgen für die Ernährungssicherheit
Zerstörung & Schädigung von Ökosystemen	Nutzungsrechts-Konflikte	wasserbedingte Erkrankungen und Todesfälle	Reduktion der Wassermenge für die landwirtschaftliche Nutzung
Abnahme der Bodenfruchtbarkeit	mangelnde Bildung und Emanzipation		dauerhaft schlechtere Produktion / weniger Erträge
Übernutzung der natürlichen Wasserreserven	Wasserflüchtlinge		Preisanstieg

Schwindende Wasserressourcen und schlechte Wasserqualität verursachen außerdem 6,1 % aller global auftretenden Krankheiten, darunter Durchfall und Typhus, und sind verantwortlich für 1,5 bis 2,2 Millionen Sterbefälle pro Jahr. 90 % der Todesopfer sind Kinder unter fünf Jahren (Gmelch 2007, Barilla Center for Food & Nutrition 2009).

„[…] 40 Prozent der gesamten pflanzlichen Agrarproduktion [werden] auf nur 16 Prozent der landwirtschaftlichen Ackerfläche unter Einsatz verschiedener Formen der künstlichen Bewässerung produziert. Bewässerungslandwirtschaft trägt zwei Drittel zur weltweiten Produktion von Reis und Weizen bei. Dies verdeutlicht, dass die Nahrungsproduktion in Regionen mit hohem Bewässerungsanteil stark von der Wasserverfügbarkeit abhängig ist" (Lotze-Campen 2006). Wird das Wasser knapp, kann auf den vorhandenen Flächen nur noch ein geringerer Ertrag erwirtschaftet werden. Die Preise für Grundnahrungsmittel wie Weizen, Mais und Reis könnten infolge dessen um 40 % bis 100 % ansteigen (Lotze-Campen 2006).

4   Wasserressourcen und –versorgung auf Bali

Indonesien gilt als eines der wasserreichsten Länder der Erde und gehört mit zu den
neun Staaten, die in gemeinsam über mehr als 60 % der gesamten globalen
Wasserressourcen verfügen (Barilla Center for Food and Nutrition 2009).

Die indonesische Provinz Bali liegt als eine der Kleinen Sundainseln im Indischen
Ozean und damit in der wechselfeuchten monsunal-tropischen Klimazone. Die
Hauptniederschläge fallen in den Monaten Oktober bis März, während der Zeitraum
von April bis September eher trocken ausfällt. Niederschlagsmengen sind abhängig
vom Relief der Insel und variieren pro Jahr zwischen 1200 Millimetern nördlich der
Vulkankette und 1500 bis 3500 Millimetern an den westlichen, südlichen und östlichen
Küsten sowie im Landesinneren. Von der Vulkankette im Norden Balis verlaufen
zahlreiche Flüsse in Richtung Süden (vergleiche Abbildung 1) (Westermann Schroedel
Diesterweg Schöningh Winklers GmbH 2007).

Abbildung 1: Geographische Karte von Bali , aus Westermann Schroedel Diesterweg Schöningh Winklers GmbH
2007

Obwohl die natürlichen Gegebenheiten einen Wassermangel nicht erahnen lassen,
stehen den indonesischen Inseln Bali und Java aufgrund ihrer hohen
Bevölkerungsdichte gegenüber den anderen Inseln (BPS Indonesia 2014 a) sehr viel
geringere erneuerbare Wasservorräte zur Verfügung als dem Rest des Landes.
Während der größte Teil Indonesiens über mehr als 10000 m³ Wasser pro Kopf und
Jahr verfügt, liegt die Menge an erneuerbarem Wasser auf diesen zwei Inseln bei nur
500 bis 1000 m³ pro Kopf und Jahr (vergleiche Abbildung 2) und damit im Bereich der
Wasserknappheit (WBCSD 2006: 6).

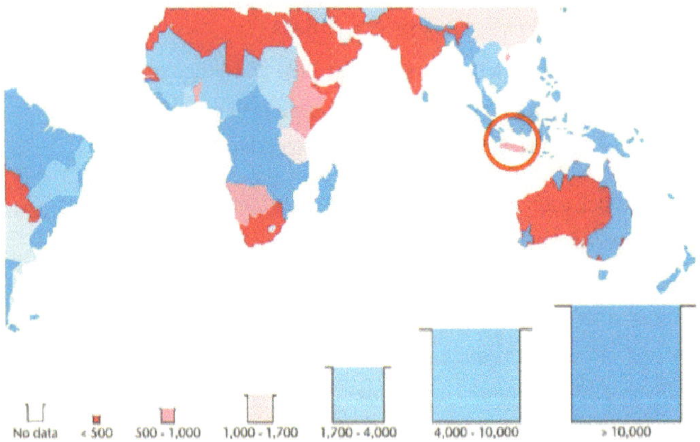

Abbildung 2: Erneuerbares Wasser global (m³/Kopf/Jahr), aus WBCSD 2006: 2)

Weltweit ist ein rückläufiger Trend hinsichtlich der Wasserverfügbarkeit zu erkennen, der auch in Indonesien und damit auf Bali drastisch zur Verknappung des Wassers beiträgt. Innerhalb von 20 Jahren verringerte sich die Menge an erneuerbarem Wasser dort um 15 % bis 29 % (vergleiche Abbildung 3).

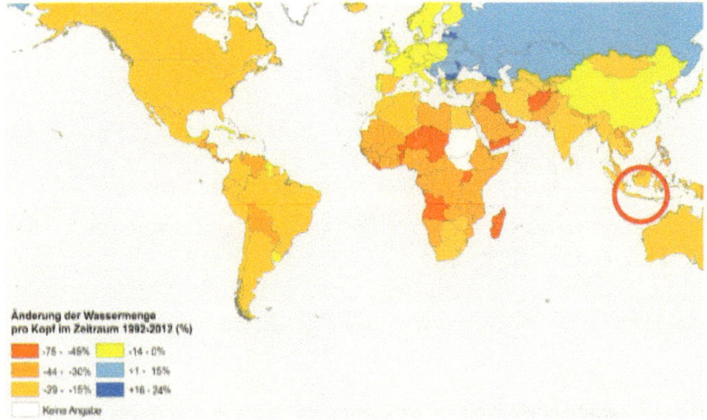

Abbildung 3: Entwicklung der gesamten erneuerbaren Wasserressourcen pro Kopf (Lippelt 2014)

Im Jahr 2013 nutzte der größte Teil der balinesischen Bevölkerung abgefülltes Wasser (37 %), Quellen (23 %) oder Wasser aus Rohrleitungen (21 %), um sich mit Trinkwasser zu versorgen. Auffällig ist jedoch, dass der Anteil derer, die ihr Trinkwasser über eine Leitung gewinnen, seit 2000 um 27 % zurückgegangen ist. Ein deutlicher Anstieg von 35 % ist hingegen bei der Nutzung von abgefüllter Flüssigkeit für die Trinkwasserversorgung zu erkennen (vergleiche Tabelle 4).

Tabelle 4: Wasserversorgung und Art der Trinkwasserquelle auf Bali, eigene Zusammenstellung aus BPS Statistics Indonesia 2014 b

Art der Wasserversorgung	Anteil der Bevölkerung, der diese Art der Wasserversorgung als Trinkwasser nutzt (%)	
	Jahr 2000	Jahr 2013
(Rohr-)Leitung	48	21
Pumpe	4	6
verpacktes / abgefülltes Wasser	2	37
Brunnen	27	8
Quellen	14	23
Flüsse	2	1
Regenwasser	2	4

Eine Erklärung für die Entwicklung der Wasserversorgung ergibt sich aus den Ergebnissen der Studie von Cole aus dem Jahr 2010, die rund um die Ortschaft Canggu in der Region Nord Badung durchgeführt wurde. Sie stellte fest, dass 64 % der balinesischen Haushalte zwar über einen Anschluss an eine Wasserleitung verfügten,

dieser oftmals aber nicht zur durchgängigen Versorgung mit Flüssigkeit diente. Bei vielen Einheimischen floss das Wasser gar nicht, nur stundenweise oder mit so geringem Druck, dass es den ganzen Tag über gesammelt werden musste, um ausreichende Mengen für ein Bad zu ergeben. Darüber hinaus berichteten viele Dorfbewohner, die ihr Wasser aus zum Teil selbstgebohrten Brunnen gewannen, über ein komplettes oder zeitweiliges Versiegen ihrer Brunnen während der Trockenzeit, sodass sie auf eine Versorgung durch Nachbarn oder den Zukauf von Wasser angewiesen waren (Cole 2012:13 f).

Die indonesische Zeitung „The Jakarta Post" gab im Jahr 2012 bekannt, dass rund 1,7 Millionen der 3,9 Millionen Einwohner Balis keinen angemessenen Zugang zu sauberem Wasser haben (Widiadana 2012). Laut Cole wird Bali ohne die Fokussierung auf ein verbessertes Wassermanagement im Jahr 2025 unter einer ernsten Wasserkrise leiden (Cole 2012: 7).

5 Entwicklung des Tourismus auf Bali

Bereits vor 1949, zu Zeiten der kolonialen Herrschaft der Niederlande über Bali, wurde die Insel wegen ihre exotischen Lage und Schönheit als Touristenziel angepriesen. Um 1930 erreichten tausende Besucher die Insel, wenige Jahrzehnte später, um 1960, waren es bereits zehntausende (Cole 2012: 5). Anfang der 1970er Jahre öffnete sich Bali für den Massentourismus, was mit einem rapiden Ausbau der touristischen Infrastruktur einherging und die Zahl der Einreisenden in die Höhe schnellen ließ (Widiadana

2012). In den 1980er Jahren wurde die Marke von hunderttausend Touristen pro Jahr erstmals überschritten (Cole 2012: 5). Innerhalb der nächsten Dekade stieg die Zahl der internationalen Besucher pro Jahr von einer Million auf über zwei Millionen an (Byczek 2011: 8) und ein Ende des Tourismusbooms war noch nicht in Sicht.

Seit 1997 hat sich die Zahl der ausländischen Touristen, die pro Jahr in Bali über den Ngurah Rai International Airport in der Hauptstadt Denpasar eintrafen, nahezu verdreifacht, obwohl die Provinz durch zwei Terroranschläge in den Jahren 2002 und 2005 mit Rückschlägen zu kämpfen hatte. Im Jahr 1997 erreichten knapp 1,3 Millionen internationale Besucher die Insel, nur 17 Jahre später, im Jahr 2014, waren es bereits 3,7 Millionen Touristen, die per Flugzeug in Denpasar einreisten (BPS Indonesia 2015 b).

Allein im Zeitraum von 2009 bis 2013 erhöhte sich die Anzahl der jährlichen Touristen aus dem In- und Ausland, die in klassifizierten Hotels oder nicht-klassifizierten Unterkünften logierten, von knapp über 4,5 Millionen auf mehr als 9 Millionen, und damit um 101 %. Ebenso gewaltig erschien die Entwicklung der Anzahl der touristischen Unterkünfte (vergleiche Tabelle 5) (BPS Indonesia 2014 c,d,e,f).

Tabelle 5: Touristische Infrastruktur und Gästezahlen 2009 & 2013/14 auf Bali, eigene Zusammenstellung aus Badan Pusat Statistics Indonesia 2014 c,d,e,f & Badan Pusat Statistics Indonesia 2015 c,d

		nicht klassifizierte Hotels / Unterkünfte	klassifizierte (Sterne-) Hotels	Total	Wachstumsrate innerhalb des Zeitraums von 2009 bis 2013/2014
2009	Anzahl der Unterkünfte	1.539[1]	149[2]	1.688	
	Anzahl der Zimmer	21.956[1]	18.684[2]	40.640	
	Anzahl der Betten	31.871[1]	29.346[2]	62.171	
	Anzahl der Gäste	1.951.202[3]	2.732.900[4]	4.684.102	
2014	Anzahl der Unterkünfte	1.801[1]	249[2]	2.050	+ 21 %
	Anzahl der Zimmer	26.853[1]	28.811[2]	55.664	+ 37 %
	Anzahl der Betten	37.704[1]	42.872[2]	80.576	+ 30 %
2013	Anzahl der Gäste	2.949.808[3]	6.446.100[4]	9.395.908	**+ 101 %**

[1] aus Badan Pusat Statistics Indonesia 2015 c ; [2] aus Badan Pusat Statistics Indonesia 2015 d; [3] aus Badan Pusat Statistics Indonesia 2014 c,d; [4] aus Badan Pusat Statistics Indonesia 2014 e,f

Gab es 1987 noch 5.000 Hotelzimmer auf der Insel (Widiadana 2012), so stieg diese
Zahl bis 2009 auf 1.688 Hotels mit über 40.000 Zimmern, und bis 2014 auf mehr als
2.000 Hotels mit über 55.000 Tausend Zimmern an. Dies bedeutete einen Zuwachs an
Zimmern von 37 % innerhalb von sechs Jahren (vergleiche Tabelle 5) (BPS Indonesia
2015 c,d).

Das Wachstum fokussierte sich dabei auf Regionen mit bereits bestehendem, hohem
Touristenaufkommen wie Kuta, Nusa Dua, Legian und Ubud (Kramer, Chen & Sindarta
2014).

Im Jahr 2009 war die Wirtschaft Balis zu 80 % vom Tourismus abhängig (Cole 2012: 1).
Die Tourismusbranche stellte zu diesem Zeitpunkt 481.000 Arbeitsplätze bereit und
beschäftigte damit 25 % aller Arbeitskräfte direkt. Weitere 55 % unterstützte sie indirekt
durch Jobs in tourismusnahen Gewerben. Außerdem hatte der Tourismus mit
30 % einen bedeutenden Anteil am Bruttoinlandsprodukt der indonesischen Provinz
(Cole 2012: 5).

Aufgrund des hohen Besucherandrangs wurde der Flughafen in Denpasar in den
letzten zwei Jahren um ein nationales und ein internationales Terminal erweitert,
sodass es bis 2025 möglich sein sollte 25 Millionen Passagiere pro Jahr zu
transportieren. Darüber hinaus ist der Bau eines zweiten Flughafens im Norden Balis
geplant (Kramer, Chen & Sindarta 2014).

Da Touristen aus dem Inland mit mehr als 50 % einen erheblichen Anteil zum
Touristenaufkommen beitragen, soll ihnen die Einreise und Erkundung der Insel durch
den Ausbau des Hafens und des Straßennetzes erleichtert werden. Dazu wurde in den
letzten Jahren der Anlegeplatz für Schiffe im Hafen von Denpasar erweitert, das
Hafenbecken vertieft und die Abfahrtstelle für Kreuzfahrtschiffe renoviert. Zudem wurde
das Straßennetz Balis in den letzten Jahren massiv ausgeweitet, sodass Fahrzeiten
zwischen und innerhalb der Städte verkürzt und das Risiko für Staus reduziert werden
konnten (Kramer, Chen & Sindarta 2014).

6 Negative Auswirkungen des Tourismus auf die Wasserversorgung

Indonesien sprach sich im Jahr 2009 per Gesetz für einen Tourismus aus, der nicht nur
für ein wirtschaftliches Wachstum und einen Wohlstandszuwachs, sondern auch für
einen nachhaltigen Umgang mit der Umwelt und den natürlichen Ressourcen sorgt.
Einheimische, Touristen und Tourismusunternehmen wurden dazu aufgefordert mit

ihrem Verhalten zum beständiges Gleichgewicht zwischen Mensch und Natur, der umweltbezogene Nachhaltigkeit in Touristenorten, dem Bestand einer gesunden und sauberen Umwelt und der Wahrung der Menschenrechte beizutragen (Bali Tourism Board 2009).

Diese Vorgaben wurden bisher jedoch nicht eingehalten und das Gesetz nicht konsequent durchgesetzt (Cole 2012, S.15). Die Auswirkungen des Tourismus auf die Wasser-Ökologie sind immens und alles andere als nachhaltig (Cole 2012: 2).Schäden werden vor allem durch bestimmte touristische Einrichtungen, Veränderungen in der Landnutzung und den Verbrauch / die Verschwendung von Ressourcen hervorgerufen (Byczek 2011: 86). Auf diese wird im folgenden Abschnitt näher eingegangen.

6.1   Erhöhter Wasserverbrauch durch Hotels und Urlauber

„Weltweit fließt ein Hundertstel [also 1 %] des verfügbaren Wassers in die Tourismusbranche. Dies klingt global gesehen nicht viel [...]" (Naturfreunde Internationale (NFI) 2013). Auf Bali sind es hingegen 65 % aller Wasser-Ressourcen, die durch den Tourismus aufgezehrt werden (Cole 2012: 4). Diese überproportional große Menge ergibt sich aus dem Wasser, das für den Bau touristischer Infrastruktur benötigt wird, als auch aus dem für die Erhaltung dieser Einrichtungen und von den Besuchern genutztem Wasser (Tourism Concern 2014 a).

Auf Reisen verbrauchen viele Touristen ein Vielfaches des Wassers, das sie zu Hause nutzen würden, ohne sich über die Folgen bewusst zu sein. Außerdem zehren touristische Freizeiteinrichtungen immense Mengen an Flüssigkeit auf (Byczek 2011: 86). Balis Golfplätze beispielsweise werden täglich mit drei Millionen Litern Wasser bewässert, während einige Inselbewohner mehrere Kilometer laufen müssen, um ihr Wasser aus einem Brunnen zu gewinnen (Tourism Concern 2014 a).

Im Allgemeinen ist der Wasserverbrauch von den touristischen Gewohnheiten und dem Hoteltyp abhängig, wobei er mit der Größe des Hotels ansteigt (Cole 2012: 4). Besonders verschwenderisch ist der Umgang mit dem kostbaren Nass in Luxusunterkünften. Ein Fünf-Sterne-Hotel auf Bali benötigte im Jahr 2011 durchschnittlich 50.000 Liter Wasser pro Tag (Bali Discovery Tours 2011). Heute dürften es noch einige Liter mehr sein. Die Organisation „Tourism Concern" gibt an, dass die Wassermenge, die 100 Gäste eines Luxushotels innerhalb von 55 Tagen verbrauchen, ausreichen würde, um 100 arme Familien für drei Jahre mit Wasser zu versorgen (Tourism Concern 2014 b). Zusätzlich zu dem Bedarf hochklassiger

Hotelunterkünfte übt der Wasserverbrauch von nicht-klassifizierten Hotels, Villen, Ferienwohnungen und Condotels, die zum Teil ebenfalls über Spas, Pools oder Whirlspools verfügen, Druck auf die Wasserversorgung der indonesischen Provinz Bali aus (Wididana 2012). Der Flughafen der Provinz verbrauchte im Jahr 2011 täglich weitere zwei Millionen Liter Wasser (Bali Discovery Tours 2011).

Oftmals fehlt den Hotelbesitzern und den Touristen das Bewusstsein für die Notwendigkeit des Wassersparens. Cole stellte 2010 in ihrer Studie fest, dass die Stopp-Taste der Toilettenspülung in balinesischen Hotels häufig die einzige Maßnahme zum Einsparen von Wasser darstellte. Mehr als die Hälfte der 110 befragten Touristen gab an, dass ihre Handtücher täglich gewechselt wurden, obwohl dies zum Teil unnötig erschien (Cole 2012: 17).

Auch das Laufenlassen des Wassers während des Zähneputzens, häufiges Baden statt Duschen oder das Ignorieren eines tropfenden Wasserhahns tragen zu einer Verschwendung der örtlichen Wasserressourcen bei (Tourism Watch 2013).

6.2   Sinkender Grundwasserspiegel und Versalzung

Die zuvor beschriebene Übernutzung der natürlichen Wasserressourcen geht mit weitreichenden Folgen für die einheimische Bevölkerung und die Umwelt einher. Seit auf Bali zu viel Wasser aus unterirdischen Vorräten entnommen wird, sinken der Grundwasserspiegel und der Boden ab und es kommt zum Eindringen von Salzwasser und einer Verschlechterung der Wasserqualität (Widiadana 2012).

Aufgrund der unzureichenden Versorgung mit Wasser über das Leitungssystem, beziehen nahezu alle Hotels, Villen, Spas, Restaurants und andere touristische Einrichtungen ihr Wasser aus Grundwasservorräten. Gebohrte Brunnen, die zum Teil mit elektrischen Pumpen versehen sind, befördern das Wasser für sie an die Erdoberfläche. Obwohl einige private Haushalte ebenfalls über gebohrte Brunnen für die Wasserversorgung verfügen, muss der Großteil der Einheimischen auf handgegrabene Brunnen zurückgreifen, die meist nicht tiefer als 12 Meter sind. Problematisch ist dies, da die Brunnen, aus denen touristische Einrichtungen ihr Wasser beziehen, bis zu 60 Meter Tiefe erreichen und weniger tiefe Brunnen bei einem Abfall des Grundwasserspiegels versiegen lassen (Cole 2012: 13 f).

 Das Ministerium für Bergbau versicherte, dass das Eindringen von Salzwasser in Tiefen bis zu 40 Metern nicht zu befürchten sei. Weitere 20 Meter hingegen sorgen dafür, dass in Küstengebieten immer mehr Salzwasser in das Grundwasser eindringt und es damit unbrauchbar macht oder verunreinigt (Cole 2012: 14). Diese Veränderung der natürlichen Wasservorkommen gefährdet neben den Einheimischen auch die Mangrovenwälder Balis (Byczek 2011: 86).

Hinzu kommt der Fakt, dass die meisten Hotels ihr Wasser illegal beziehen und nicht für die entnommene Menge zahlen. Vielen Besitzern von Hotels oder Ferienanlagen scheint nicht bewusst zu sein, dass sie eine Erlaubnis benötigen, um einen Brunnen zu bohren und Wasser daraus zu beziehen, das auch bezahlt werden muss. Ohne Bohrgenehmigungen und eingebaute Wasserzähler ist es nicht möglich Aussagen darüber zu treffen, wie groß der Anteil der entnommenen Mengen am gesamten untergründigen Wasservorrat Balis tatsächlich ist (Cole 2012: 14).

Die zunehmende Bodenversiegelung durch den Bau von neuen Hotel- und Ferienanlagen verhindert obendrein die Neubildung von Grundwasser durch abfließendes oder versickerndes Regenwasser, das nun nicht mehr in den Boden eindringen kann, sondern in Abflüssen, Kanälen oder dem Meer verschwindet (Cole 2012: 18).

Darüber hinaus haben die Übernutzung und der sinkende Grundwasserspiegel über die letzten Jahrzehnte zum Austrocknen von mehr als der Hälfte aller Flüsse der Insel geführt und den Pegel des Buyan Sees innerhalb von drei Jahren um dreieinhalb Meter sinken lassen (Cole 2012: 20).

6.3   Wasserverschmutzung

Das hohe Touristenaufkommen beschert Bali immer größere Mengen an Abfall und Abwässern. Die Provinz verfügt aber nur über ein ungenügendes Abfallmanagement-System, sodass die Verschmutzung von Wasser und Natur immens erscheint . Sowohl an Flussufern als auch beim Schwimmen im Meer erblicken Einheimische und Touristen Müll und Schmutz. Ein niedriges Bewusstsein für die Notwendigkeit Abwässer wiederaufzubereiten und Abfälle nicht in Flüssen, Seen oder dem Meer zu entsorgen, verschärfen das Problem nochmals (Byczek 2011: 86) (Tourism Concern 2014 a).

Während das Grundwasser in den größten Ferienorten im Süden Balis bereits als „ungeeignet für den menschlichen Verzehr" beschrieben wurde (Cole 2012: 20), liegt die Prävalenz für Durchfälle, die häufig auf unsauberes Wasser zurückgeführt werden, in der gesamten Provinz oberhalb des nationalen Durchschnitts (Tourism Concern 2012).

Cole stellte in ihrer Studie ebenfalls fest, dass Bauern sich aufgrund der Verschmutzung um ihre Felder sorgten, weil minderwertiges Wasser ihren Pflanzen keine Nährstoffe für das Wachstum lieferte. Einige Landwirte führten auch das Auftreten von Hautausschlägen auf den Kontakt mit verschmutztem Bewässerungswasser zurück oder klagten über wachsende Berge aus Plastikmüll, den sie von ihrem Land aufsammeln mussten (Cole 2012: 19).

6.4   Wasserkonflikte zwischen Landwirtschaft und Tourismus

Viele Jahrhunderte war Balis Wirtschaft landwirtschaftlich geprägt. Erst die enorme Entwicklung des Tourismus zu Beginn des Jahrtausends löste die traditionelle Agrarwirtschaft ab und machte die Tourismusbranche bezüglich der Einnahmen zum stärksten Industriezweig (Kramer, Chen & Sindarta 2014).

Cole beschreibt die Entwicklung zwischen Landwirtschaft und Tourismus auf Bali als einen Teufelskreis, aus dem es kaum ein Entrinnen gibt. Je stärker die Tourismusindustrie wächst, desto schwieriger wird es für die Landwirtschaft zu überleben (Abbildung 4) (Cole 2012:18 ff).

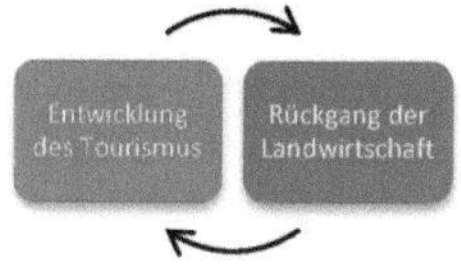

Abbildung 4: Teufelskreis zwischen Landwirtschaft und Tourismus ‚eigene Zusammenstellung aus Cole 2012: 19

Gründe für diese konfliktgeladene Situation zwischen den beiden Sektoren gibt es viele. Zum einen trägt der Tourismus dazu bei, dass immer mehr Wasser, das ehemals für landwirtschaftliche Zwecke genutzt wurde, zu Gunsten der Touristen abgezweigt wird (Cole 2012: 13). Die mangelnde Verfügbarkeit von Wasser, in Verbindung mit ungünstigen und unbeständigen Wetterverhältnissen, dem Absinken der Einnahmen im Reisanbau und den hohen Grundsteuern für die Ländereien, zwingt viele Bauern dazu, ihre Felder aufzugeben, weil das Verhältnis zwischen Einnahmen und Ausgaben ihre Arbeit unwirtschaftlich macht. (Cole 2012: 18 f). Die Steuern für die Ackerfläche richten sich nach dem Verkaufswert des Grundstücks, das heißt, liegt ein Feld in direkter

Nachbarschaft zu einem Grundstück mit hochpreisigen Ferienvillen, ist sein Wert so hoch, dass der Anbau von Reis oder anderen Feldfrüchten dem Bauern kein Einkommen garantiert, das ausreichen würde, um seine Familie zu ernähren (Cole 2012: 19).

Mit dem Rückgang der Ackerfläche erhöht sich der Druck auf die verbleibenden Felder, die immer stärkere Ernteverluste durch Vögel hinnehmen müssen. Die Tiere finden nur noch kleine Flächen vor, von denen sie sich ernähren können. Sie konzentrieren sich auf die übrig gebliebenen Äcker und zerstören dort große Teile der Reisernte. Den Bauern, die ihre Arbeit in der Landwirtschaft fortsetzen, wird dadurch das Überleben auf Grundlage des Feldbaus nochmals erschwert. Zusätzlich setzen Bauunternehmer die einheimischen Bauern teilweise so lange und so stark unter Druck bis diese ihre Felder schließlich an sie abtreten (Cole 2012: 19).

Viele Landwirte sehen ihre einzige Chance darin „Beton anstatt von Feldfrüchten anzubauen" und gutes Geld durch den Verkauf oder die Nutzung der Felder als Grundstücke für Ferienanlagen zu erhalten (Cole 2012: 18).

Jedes Jahr gehen durch diese Entwicklung etwa tausend Hektar der ikonischen Reisterrassen Balis verloren (Tourism Concern 2012). Diese Aussage wird durch Zahlen des indonesischen statistischen Bundesamtes bestätigt, die angeben, dass die Anbau- und Ernteflächen von Reis in der Provinz im Zeitraum von 1993 bis 2014 von 160.000 Hektar auf knapp 140.000 Hektar gesunken sind (BPS Indonesia 2015 a). Wie immens die Veränderung des Landschaftsbilds durch den Tourismus wirklich ist, zeigt auch Abbildung 5.

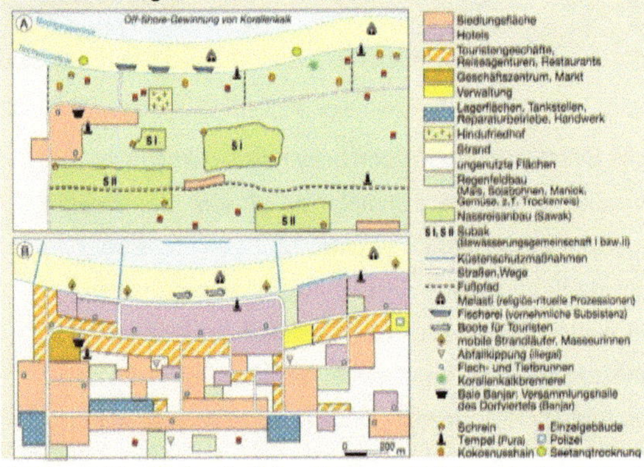

Abbildung 5: Wandel einer ländlichen Siedlung auf Bali durch den Tourismus, A = vor dem Tourismusboom, B= nach dem Tourismusboom, aus Westermann Schroedel Diesterweg Schöningh Winklers GmbH 2015

Viele Einheimische befürchten, dass der Verkauf ihrer Felder ein unumgängliches Ereignis in der nahen Zukunft sein wird, und nun noch kleine Flächen mit Nassreis übrig bleiben werden, um diese für die Touristen als Symbol des balinesischen Lebensstils und als schöne Aussicht zu nutzen (Cole 2012: 19).

6.5 Klimaschädliche Emissionen

Der Klimawandel ist einer der Faktoren, die sowohl zur Verringerung der natürlichen Wasservorkommen, als auch zur Steigerung des Wasserbedarfs beitragen. Vielerorts sind die Auswirkungen des Klimawandels schon heute spürbar, darunter auch in Bali. Wie zuvor beschrieben leiden besonders die Bauern unter unregelmäßigeren Niederschlägen, steigenden Temperaturen und der sinkenden Verfügbarkeit von Wasser. Die Luftfahrt trägt als wesentlicher Bestandteil des Tourismus mit 5 % der global erzeugten Emissionen stark zu den klimatischen Veränderungen und damit auch zur Wasserknappheit bei (Tourism Concern 2014 c). Touristen sorgen sowohl mit dem Kohlenstoffdioxid (CO_2) - Ausstoß während ihres Flugs, aber auch mit ihrem Aufenthalt auf der Insel für eine unnötig hohe Belastung des Ökosystems (Byczek 2011:96).

Über den CO_2-Rechner der KlimAktiv gGmbH (gemeinnützige Gesellschaft zur Förderung des Klimaschutzes mbH), der in Kollaboration mit dem Umweltbundesamt und dem Bundesministerium für Umwelt, Naturschutz und Reaktorsicherheit entwickelt wurde, konnte errechnet werden, dass ein Standardflug von Frankfurt über Singapur nach Denpasar und zurück, wie ihn viele Fluggesellschaften anbieten, pro Passagier in der Economy Class einen CO_2- Ausstoß von 7,31 Tonnen produziert (Abbildung 6). Die verträgliche Quote des CO_2-Ausstoßes von 2,5 Tonnen pro Person und Jahr wird durch diesen Flug bereits weit überschritten (KlimAktiv gGmbH 2015).

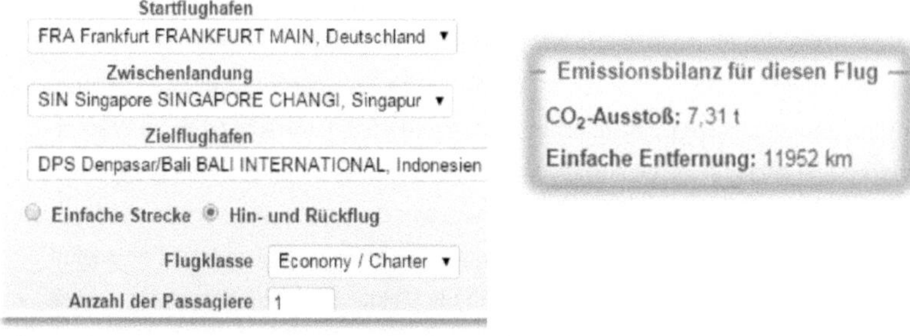

Abbildung 6: Emissionen eines Fluges von Deutschland nach Bali (KlimAktiv gGmbH 2015)

7   Diskussion & Lösungsvorschläge

In Anbetracht der vielen negativen Auswirkungen, die der Massentourismus auf Bali
mit sich bringt, steht fest, dass sich etwas ändern muss. Die natürlichen
Wasserreserven in Form von Grundwasser, Flüssen, Seen und Oberflächenwasser
müssen geschützt werden, um die Grundlage der Selbstversorgung für die
Einheimischen zu erhalten (Byczek 2011: 85 f).

Der Tourismusindustrie einfach den Hahn abzudrehen oder nur noch kleineren
Mengen von Touristen Einlass zu gewähren wäre jedoch zu einfach. Durch die enorme
Abhängigkeit Balis vom Tourismus hätten der Rückgang der Besucherzahlen und der
Einbruch der Tourismusindustrie zwar positiven Einfluss auf die Wasserverfügbarkeit
und -qualität, aber ebenfalls negative Auswirkungen auf die Einheimischen, welche
durch die vielen Gäste aus aller Welt ihren Lebensstandard und ihr Einkommen
signifikant erhöhen konnten (Byczek 2011: 85). Aus diesem Grund müssen die
Lösungsansätze zur Stabilisierung der natürlichen Wasservorkommen und zum
Umgang mit der Wasserkrise diese Faktoren beachten und alternative, nachhaltige
Einkommensquellen für diejenigen schaffen, die in der Tourismusbranche tätig sind
(Tourism Concern 2014 c).

Die Verbesserung der Situation auf Bali hängt stark von Veränderungen der politischen
Denkweise ab, denn ohne klare Regelungen darüber, wer Zugriff auf welches Wasser
bekommt und welche Preise dafür zu zahlen sind, fehlt die Grundlage einer gerechten
Verteilung dieser knappen Ressource (Cole 2012: 26). Mit Standards und
Begrenzungen für den Wasserverbrauch durch die Tourismusindustrie könnte der
Wasserkrise entgegen gewirkt werden (Pleumarom 2013).

Ein weiterer wichtiger Aspekt besteht in der Schaffung eines Bewusstseins für den
Wert des Wassers und die Schwere der Situation in Form einer öffentlichen
Bildungskampagne. Nicht nur Urlauber, sondern auch die Besitzer von Ferienanlagen
oder Restaurants und die Einheimischen müssen erkennen, wie wichtig es ist Wasser
zu sparen und achtsam mit dem Wasser umzugehen, dass ihnen zur Verfügung steht
(Cole 2012: 24). Auf Touristen angewendet bedeutet dies, dass diese schon bei der
Wahl ihres Hotels und mit ihrem Verhalten während des Aufenthalts versuchen sollten
Wasser nicht sinnlos zu verschwenden. Durch die Meldung von Wartungsmängeln wie
tropfenden Wasserhähnen oder den Verzicht auf Unterkünfte mit großen Spa-

Bereichen, kann jeder Einzelne einen Beitrag im Kampf gegen die Verschärfung der Wasserkrise leisten (Klein 2013 a).

Mit dem Wissen, dass die größten und luxuriösesten Hotels pro Gast und Tag den höchsten Wasserverbrauch aufweisen (Cole 2012: 4) bietet die Besinnung auf kleine, naturnahe Ferienunterkünfte ohne Wellness-Bereich, Golfplatz und weitläufige Gartenanlage eine Chance den Wasserbedarf zu verringern (Klein 2013 b).

8 Zusammenfassung / Abstract

Die Wasserknappheit in vielen Teilen der Welt ist maßgeblich dafür verantwortlich, dass Menschen keine Nahrungsmittel anbauen können und Hunger leiden. Zudem ist die Wasserkrise Auslöser vieler gesundheitlicher Beeinträchtigungen und zwischenmenschlicher Konflikte. Obwohl die Ursachen, die zur Verknappung dieser wertvollen Ressource führen, vielfältig sind, ist die Tourismusindustrie durch die Übernutzung, Verschwendung und Verschmutzung von Wasservorkommen stark an der problematischen Entwicklung beteiligt.

Bali erlebt seit mehr als 40 Jahren einen rapiden Anstieg der Besucherzahlen und damit verbunden eine drastische Veränderungen der wirtschaftlichen Ausrichtung und der Landnutzung sowie einen Rückgang der erneuerbaren Wasservorräte. Urlaubsgäste, die seit Jahrzehnten millionenweise anreisen, verbrauchen insbesondere, wenn sie in Luxusunterkünften logieren, sehr viel mehr Wasser als in ihrer Heimat und auch als die einheimischen Inselbewohner. Für den Bau von Hotels und die Bewirtung der Gäste werden enorme Wassermengen benötigt, die der einheimischen Bevölkerung nicht mehr zur Verfügung stehen. Die jahrelange Übernutzung der Wasservorkommen hat mittlerweile zu einer deutlichen Absenkung des Grundwasserspiegels und zur Salzwasserintrusion mit daraus resultierendem Qualitätsverlust des Wassers geführt.

Da die Provinz Bali nicht über ein modernes Abwassermanagementsystem verfügt, wächst auch das Problem der zunehmenden Wasser- und Umweltverschmutzung. Die große Anzahl an Touristen beschert der Insel riesige Mengen an Abfällen und Abwässern, die nicht effizient aufbereitet werden können. Außerdem findet aufgrund der ungleichen Verteilung des Wassers zwischen Tourismus und Landwirtschaft eine stetige Umwandlung von Acker- in Bauland statt, sodass viele Reisbauern ihre Lebensgrundlage und Bali seine ikonischen Reisfelder verliert.

Es ist nötig politische Regelungen für den Umgang mit der wertvollen Ressource und ein Konzept für einen nachhaltigen Tourismus, fern ab von der Idee des Luxusurlaubs, zu entwickeln. Ohne die Schaffung eines Bewusstseins für den Wert des Wassers, sowohl bei den Einheimischen, als auch bei den Touristen und allen Bezugsgruppen der Tourismusindustrie, ist Bali in wenigen Jahren einer ernsten Wasserkrise ausgesetzt, die weitreichende Folgen für die Menschen und die Umwelt mit sich bringen wird.

In many parts of the world water scarcity is significantly involved in hindering people from growing crops and suffering hunger. Moreover the water crisis is the source of many health-related impairments and interpersonal conflicts. Although the causes of the shortage of this valuable resource are manifold, tourism with its overuse, waste and pollution of water plays an important role in this problematic development.

For more than 40 years Bali has experienced a rapid growth in visitor numbers which has been connected to drastic changes in economic orientations and land use as well as the decline of water supplies. Tourists who have arrived in millions for decades consume more water than they would do at home and more than locals, too, especially if they are staying at luxurious accommodations. Enormous amounts of water are needed for the construction of hotels and the entertainment of guests. Water that isn't available to the island's residents anymore. Long lasting overuse of water resources has meanwhile led to the lowering of ground water levels and salt-water intrusion resulting in inferior water quality.

Since the province of Bali doesn't possess a modern management system for waste water, the problem of increasing water and environmental pollution becomes more and more serious. High numbers of tourists bestow huge amounts of garbage and waste water on the island that can't be efficiently processed. Furthermore the uneven distribution of water between tourism and agriculture causes a consistent transformation of farmland into building land, so that many paddy farmers lose the base of their existence and Bali its iconic paddy fields.

It's necessary to develop political regulations for handling this valuable resource and a concept for a sustainable tourism far away from the idea of luxury vacation. Without raising the awareness for the value of water in locals, tourists and everybody involved in tourism industry, Bali will be facing a serious water crisis within a few years that will hold far-reaching consequences for humans and nature.

Literaturverzeichnis

BPS Indonesia a (2014): Percentage Distribution of Population and Population Density by Province, 2000-2013, online verfügbar unter: http://www.bps.go.id/linkTabelStatis/view/id/1277, zuletzt geprüft am 07.06.2015

BPS Indonesia b (2014): Percentage of Households by Province and Source of Drinking Water, 2000-2013, online verfügbar unter: http://www.bps.go.id/linkTabelStatis/view/id/1361, zuletzt geprüft am 07.06.2015

BPS Indonesia c (2014): Number Of Foreign Guests In Non Classified Hotel By Province, Indonesia 2003-2013, online verfügbar unter: http://www.bps.go.id/linkTabelStatis/view/id/1378, zuletzt geprüft am 09.06.2015

BPS Indonesia d (2014): Number Of Indonesian Guests In Non Classified Hotel By Province, Indonesia 2003-2013, online verfügbar unter: http://www.bps.go.id/linkTabelStatis/view/id/1379, zuletzt geprüft am 09.06.2015

BPS Indonesia e (2014): Number Of Foreign Guests In Classified Hotel By Province, Indonesia 2003 - 2013 (Thousand), online verfügbar unter: http://www.bps.go.id/linkTabelStatis/view/id/1376, zuletzt geprüft am 09.06.2015

BPS Indonesia f (2014): Number Of Indonesian Guests In Classified Hotel By Province, Indonesia 2003-2013 (Thousand), online verfügabr unter: http://www.bps.go.id/linkTabelStatis/view/id/1377, zuletzt geprüft am 09.06.2015

BPS Indonesia a (2015): Harvested Area of rice in Bali, online verfügbar unter: http://www.bps.go.id/site/resultTab, zuletzt geprüft am 15.06.2015

BPS Indonesia b (2015): Number of Foreign Tourist Arrivals to Indonesia by Entrance, 1997-2014, online verfügbar unter: http://www.bps.go.id/linkTabelStatis/view/id/1387, zuletzt geprüft am 09.06.2015

BPS Indonesia c (2015): Number Of Accommodation, Average Worker, And Visitor Per Day By Province, 2014 (Non Classified), online verfügbar unter: http://www.bps.go.id/linkTabelStatis/view/id/1374, zuletzt geprüft am 09.06.2015

BPS Indonesia d (2015): Number Of Accommodation, Average Worker, And Visitor Per Day By Province, 2014 (Classified Hotel), online verfügbar unter: http://www.bps.go.id/linkTabelStatis/view/id/1373, zuletzt geprüft am 09.06.2015

Bali Discovery Tours (2011): Water, Water Everywhere, Bali Hotel Association Source Investors in Desalination Project to Overcome Growing Water Crisis in Bali, online verfügbar unter: https://www.balidiscovery.com/messages/message.asp?Id=7263, zuletzt geprüft am 10.06.2015

Bali Tourism Board (2009): Law of the Republic of Indonesia Number 10 of 2009 concerning Tourism, online verfügbar unter: http://bali-tourism-board.org/images/upload/f6b8f970e3ehttp://bali-tourism-board.org/images/upload/f6b8f970e3e2aad6e5b1b0adb9f87dac.pdf2aad6e5b1b0adb9f87dac.pdf, zuletzt geprüft am 10.06.2015

Barilla Center for Food & Nutrition (Hg.) (2009): Water Management. Online verfügbar unter http://www.barillacfn.com/wp-content/uploads/2009/03/pp_water_management_eng.pdf, zuletzt geprüft am 31.05.15

Byczek, C. (2011): Blessings for all? Community-based ecotourism in Bali between global, national, and local interests - a case study. In: ASEAS - Österreichische Zeitschrift für Südostasienwissenschaften 4 (1), pp. 81-106, online verfügbar unter: http://www.ssoar.info/ssoar/bitstream/handle/document/28200/ssoar-aseas-2011-1-byczekblessings_for_all_community-based_ecotourism.pdf ?sequence =1, zuletzt geprüft am 04.06.2015

Cole, S. (2012): A political ecology of water equity and tourism: A case study from Bali. Annals of Tourism Research, 39 (2). Seite 1221-1241

Diercke, K. & Michael, T. (2015): Diercke Weltatlas; Bali Tourismus; Singapur, Indonesien - global orientiertes Wachstum [Neubearbeitung], 1. Auflage, Westermann, Braunschweig, online verfügbar unter: http://www.diercke.de/content/bali-tourismus-978-3-14-100800-5-193-5-1, zuletzt geprüft am 04.06.2016

FAO, IFAD & WFP (2015): The State of Food Insecurity in the World 2015. Meeting the 2015 international hunger targets: taking stock of uneven progress. Rome, online verfügbar unter: http://www.fao.org/3/a-i4646e.pdf, zuletzt geprüft am 03.06.2015

Gmelch, H. (2007): Wasser – eine knappe Ressource. Hrsg. Bayerische Landeszentrale für politische Bildungsarbeit. München. Online verfügbar unter: http://www.blz.bayern.de/blz/web/700207/index.asp, zuletzt geprüft am 19.05.15

Hoff H., Kundzewicz Z.W. (2006): Süßwasservorräte und Klimawechsel. In: Aus Politik und Zeitgeschichte, 25/2006, S. 14–19.

Klein, C. a (2013):Wassersparen im Tourismus in: Tourism Watch, Informationsdienst Tourismus und Entwicklung (72), 9/2013, S. 15, online verfügbar unter: http://www.tourism-watch.de/content/wassersparen-im-tourismus, zuletzt geprüft am 16.06.2015

Klein, C. b (2013): Tourismusunternehmen in der Pflicht, Das Menschenrecht auf Wasser im Tourismus,Beitrag in: Tourism Watch, Informationsdienst Tourismus und Entwicklung (72), 9/2013, S. 11-12, online verfügbar unter: http://www.tourism-watch.de/content/tourismusunternehmen-der-pflicht, zuletzt geprüft am 16.06.2015

KlimAktiv gGmbH (2015): Der CO_2-Rechner, online verfügbar unter: http://uba.klimaktiv-co2-rechner.de/de_DE/page/mobility-air-calculator, zuletzt geprüft am 15.06.2015

Kramer, M.; Chen, B. & Sindarta, F. (2014): Indonesia Hotel Watch 2014, HVS (Hrsg.), online verfügbar unter: http://www.hvs.com/Jump/Article/Download.aspx?id=7100, zuletzt geprüft am 09.06.2014

Lippelt. J. (2014): Kurz zum Klima: Den Hahn zugedreht - Wasserknappheit. In: ifo Schnelldienst 67 (12/2014), S. 29–30.

Lotze-Campen H. (2006): Wasserknappheit und Ernährungssicherung. In: Aus Politik und Zeitgeschichte, 25/2006, S. 8–13, online verfügbar unter: http://www.bpb.de/apuz/29693/wasserknappheitundernaehrungssicherung, zuletzt geprüft am 06.06.2015

Lozán, J.L. et al. (2005): Warnsignal Klima: Genug Wasser für alle? Wissenschaftliche Fakten; [genügend Wasser für alle – ein universelles Menschenrecht]; mit 71 Tabellen und 15 Tafeln. Hamburg: Wissenschaftliche Auswertungen

NFI (2013): Welt-Tourismustag im Zeichen des Wassers, Presseaussendung, online verfügbar unter: http://www.tourism-watch.de/files/pm_naturfreunde_internationale.pdf, zuletzt geprüft am 07.06.2015

Pleumarom, A. (2013): Tourism and water: make the human right to water reality! Message to the World Tourism Organization (UNWTO) for 2013 World Tourism Day (27 September) under the theme "Tourism and Water. Protecting our Common Future", online verfügbar unter: http://tourism-watch.de/files/wtd2013-water_statement-final.pdf, zuletzt geprüft am 07.06.2015

Shiva V. (2003): Der Kampf um das blaue Gold. Ursachen und Folgen der Wasserverknappung. 1. Aufl. Zürich: Rotpunkt-Verlag

Toursism Concern (2012): New Report reveals massive water inequity between tourism and locals, online verfügbar unter: http://tourismconcern.org.uk/new-report-reveals-massive-water-inequity-between-tourism-and-locals/; zuletzt geprüft am 07.06.2015

Tourism Concern a (2014): Water Injustice and tourism, online verfügbar unter: http://tourismconcern.org.uk/water/, zuletzt geprüft am 07.062015

Tourism Concern b (2014): Water for Everyone , Unit 2 Resource A , How does tourism affect the demand for water?,online verfügbar unter: http://2sd85n48ofmw3b6zg8av50g1.wpengine.netdna-cdn.com/wp-content/uploads/2014/09/Unit2-Resource-A-1.pdf, zuletzt geprüft am 10.06.2015

Tourism Concern c (2014): Climate Change, online verfügbar unter: http://tourismconcern.org.uk/climate-change/, zuletzt geprüft am 15.06.2015

Tourism Watch (2013): Tourism Watch, Informationsdienst Tourismus und Entwicklung, Ausgabe 72, Wassersparen im Tourismus,S. 15, online verfügbar unter: http://tourism-watch.de/files/tourismwatch_72_internet.pdf, zuletzt geprüft am 10.06.2015

UN-Water & FAO (2007): Coping with water scarcity. Challenge of the twenty-first century, online verfügbar unter: http://www.fao.org/nr/water/ docs/escarcity.pdf, zuletzt geprüft am 05.06.2015

WBCSD (2006): Facts and trends - water, online verfügbar unter: http://www.unwater.org/downloads/Water_facts_and_trends.pdf, zuletzt geprüft am 05.06.2015

Westermann Schroedel Diesterweg Schöningh Winklers GmbH (Hrsg.)(2007): Bali-Tourismus, Singapur/Indonesien, erschienen in: Diercke Weltatlas, Jubiläumsausgabe 2007, S. 177, Abbildung 3 online verfügbar unter: http://www.diercke.de/content/bali-tourismus-978-3-14-100700-8-177-3-0, zuletzt geprüft am 07.06.2015

Westermann Schroedel Diesterweg Schöningh Winklers GmbH (Hrsg.)(2015): Wandel einer ländlichen Siedlung durch Tourismus, Bildungshaus Schulbuchverlage, online verfügbar unter: http://media.diercke.net/omeda/800/12467E_Bali_Massentourismus. jpg, zuletzt geprüft am 04.06.2015

WHO & UNICEF (2014): Progress on Drinking Water and Sanitation, Update 2014, online verfügbar unter: http://apps.who.int/iris/bitstream/10665/112727/1/97892415072 40_eng.pdf ?ua=1, zuletzt geprüft am 03.06.2015

Widiadana, R.A.(2012): Tourism industry responsible for water crisis in Bali: Expert, erschienden in "The Jakarta Post" am 5.9.2012, online verfügbar unter: http://www.thejakartapost.com/news/2012/09/05/tourism-industry-responsible-water-crisis-bali-expert.html, zuletzt geprüft am 07.06.2015